BEI GRIN MACHT SICH IHR
WISSEN BEZAHLT

AF515004

- Wir veröffentlichen Ihre Hausarbeit, Bachelor- und Masterarbeit

- Ihr eigenes eBook und Buch - weltweit in allen wichtigen Shops

- Verdienen Sie an jedem Verkauf

Jetzt bei www.GRIN.com hochladen
und kostenlos publizieren

GRIN

Bibliografische Information der Deutschen Nationalbibliothek:

Die Deutsche Bibliothek verzeichnet diese Publikation in der Deutschen Nationalbibliografie; detaillierte bibliografische Daten sind im Internet über http://dnb.d-nb.de/ abrufbar.

Dieses Werk sowie alle darin enthaltenen einzelnen Beiträge und Abbildungen sind urheberrechtlich geschützt. Jede Verwertung, die nicht ausdrücklich vom Urheberrechtsschutz zugelassen ist, bedarf der vorherigen Zustimmung des Verlages. Das gilt insbesondere für Vervielfältigungen, Bearbeitungen, Übersetzungen, Mikroverfilmungen, Auswertungen durch Datenbanken und für die Einspeicherung und Verarbeitung in elektronische Systeme. Alle Rechte, auch die des auszugsweisen Nachdrucks, der fotomechanischen Wiedergabe (einschließlich Mikrokopie) sowie der Auswertung durch Datenbanken oder ähnliche Einrichtungen, vorbehalten.

Impressum:

Copyright © 2016 GRIN Verlag
Druck und Bindung: Books on Demand GmbH, Norderstedt Germany
ISBN: 9783668662452

Dieses Buch bei GRIN:

https://www.grin.com/document/416696

Erik Schittko

Die Geomorphologie der Nord - und Ostseeküste im Kontext des Klimawandels

Eine Betrachtung der Genese, Anpassungsprozesse und Bedrohungsängste eines Naturraumes

GRIN Verlag

GRIN - Your knowledge has value

Der GRIN Verlag publiziert seit 1998 wissenschaftliche Arbeiten von Studenten, Hochschullehrern und anderen Akademikern als eBook und gedrucktes Buch. Die Verlagswebsite www.grin.com ist die ideale Plattform zur Veröffentlichung von Hausarbeiten, Abschlussarbeiten, wissenschaftlichen Aufsätzen, Dissertationen und Fachbüchern.

Besuchen Sie uns im Internet:

http://www.grin.com/

http://www.facebook.com/grincom

http://www.twitter.com/grin_com

Friedrich – Schiller – Universität Jena
Institut für Geographie WiSe 2016/17

GEO 437 – Physische Geographie II

Hausarbeit

Die Geomorphologie der Nord- und Ostseeküste im Kontext des Klimawandels

-

Eine Betrachtung der Genese, Anpassungsprozesse und Bedrohungsängste eines Naturraumes

vorgelegt von:

Erik Schittko

27.10.2016

Inhaltsverzeichnis

Abbildungsverzeichnis

1 Einleitung

„Die Küste ist bei weitem die wichtigste aller natürlichen Grenzen auf der Erde, als Trennlinie zwischen dem festen Land und dem flüssigen Meer, also zwischen physikalisch, chemisch und biologisch sehr verschiedenen Prozesssystemen und Lebensräumen." (AHNERT 2009:326).

Auch die Nord- und Ostseeküste Europas stellt ein besonderes marin-terrestrisches Geoökosystems dar. Dieses ist nicht nur berühmt, aufgrund seiner hohen geomorphologischen Formenvielfalt, sondern auch bedingt durch die anthropogene Nutzbarkeit, welche die Erschließung der Küsten als Lebens-, Wirtschafts- und Erholungsraum ermöglichte. Doch durch zunehmende anthropogene Annexionen natürlicher Habitate und dem fortwährend steigenden Massentourismus an der Nord- und Ostsee unterliegen die Küsten auch einem hohen Stressfaktor. Es stellt sich innerhalb dieser Arbeit die Frage, ob der allseits diskutierte Klimawandel nur eine vage-, unhaptische, hypothetisch - wissenschaftliche Vorstellung ist, oder dieser tatsächlich signifikante Folgeerscheinungen und Störfaktoren in sensiblen Geoökosystem, wie etwa den Küsten, nach sich zieht. In diese Betrachtung wird insbesondere die Risikoanalyse eines Meeresspiegelanstieges einbezogen. Wie hoch wird der Meeresspiegel ansteigen und auf welche Weise sollen sich die Menschen den ausgesetzten Naturgefahren anpassen? Die vorliegende Hausarbeit erarbeitet die Thematik unter der Berücksichtigung des transdisziplinären Charakters der Geographie und ermöglicht somit eine dualistische Beleuchtung. Es wird demnach ein fachlicher Schnittpunkt zwischen dem Forschungsinteresse der Physischen Geographie hinsichtlich geomorphologischer Genese- und Formungsprozesse und der Humangeographie bezüglich der Frage des anthropogenen Umgangs mit Naturgefahrenpotentialen hergestellt und aufrecht erhalten.

2 Zusammenfassung

Inhaltlich behandelt diese Hausarbeit die Entstehung der Nord- und Ostseeküsten und die menschliche Einflussnahme auf dieses Übergangsgebiet. Eingeleitet wird in das Thema mit natürlichen Genese- und Formungsprozessen, welche zur erdgeschichtlichen Entwicklung des Nordseebeckens beitrugen. Die daraus resultierenden, typischen geomorphologischen Merkmale des äußeren sowie inneren Küstenraumes sollen dabei näher beleuchtet werden. Nachfolgend wird die Ostsee in

Hinblick auf ihre Entstehung und sich daraus ergebender morphologischer Charakteristika untersucht. Aufgrund der Vielfalt an Küstenformen entlang der Nord- und Ostsee liegt der Fokus zum Zwecke der Anschaulichkeit auf dem südwestlichen, vorrangig deutschen, Küstenraum. Während sich beide Meere aufgrund ihrer Entstehung und ihrer morphologischen Besonderheiten maßgeblich voneinander unterscheiden, verbindet sie die gemeinsame Problematik des anthropogen verursachten Meeresspiegels und den damit verbundenen Auswirkungen auf den besiedelten Küstenraum. Abschließend werden die erforderlich gewordenen Adaptationsmaßnahmen des Menschen zum Küstenschutz in ihrer historischen Entwicklung vorgestellt. Die Erklärung gegenwärtiger sowie künftiger Wirkungsperspektiven bzw. Sicherungspotenziale bei Hochwasserereignissen bilden den Abschluss dieser Arbeit.

3 Die Küstengeomorphologie der Nordsee

Die Nordsee, ein Randmeer des Atlantiks, wird räumlich durch die Anrainerstaaten Norwegen, Dänemark, Deutschland, Niederlande, Belgien, Frankreich und die Britischen Inseln begrenzt. Man ordnet die Nordsee wegen ihrer durchschnittlichen Tiefe von circa 100 Metern den Schelfmeeren zu (ELSNER 2001:13). Aufgrund der Wirkung der Gezeiten ist die Küste weitestgehend als Flachküste ausgebildet (BAUMHAUER 2010:117). Während der letzten Eiszeit befand sich die Küste in der Nähe der Doggerbank und demzufolge 300 Meter weiter nördlich (Elsner 2001:13). Wie sich diese Lageveränderung und die erdgeschichtliche Genese der Nordsee allgemein bis in unsere heutige Zeit vollzog und welche typischen daraus resultierenden küstenmorphologischen Besonderheiten entstanden, soll in diesem Kapitel beschrieben werden.

3.1 Die Entstehung der Nordsee

Die Nordsee hat ihre Lage seit dem Paläozoikum bis zu unserer heutigen Zeit stetig verändert. Die Nordsee, ein sehr altes Meer, existiert länger als der Atlantische Ozean (EHLERS 2008:25). Das Meer drang zwischen den Zeitaltern Trias bis Jura aus der südlich gelegenen Thetys in den Nordseeraum vor. Im sich anschließenden Tertiär trennte sich die Nordsee vom Ur-Mittelmeer. Zwischenzeitlich lag das Nordseebecken aufgrund von hohen Jahresmitteltemperaturen trocken (EHLERS 2008:27). Während sich im Tertiär die Nordsee umgebenden Gebiete wie Norwegen, Schottland und

Mitteleuropa stark anhoben, entwickelte sich die Nordsee zu einem Senkungsraum (EHLERS 2008:27). Diese Senkungstendenz hält bis ins Holozän an.

Die heutige Nordsee entstand aus zwei großen Teilbecken, die durch das RingköbingFünen-Hoch voneinander abgetrennt und mit mehreren Tausend Meter mächtigen Sedimenten gefüllt sind, in denen sich aufgrund der hohen Auflast Salzstöcke ausgebildet haben. Nachdem das Ringkobin-Fünen-Hoch seinen Einfluss im Nordseebecken verlor, begann sich das gesamte Gebiet zu senken. Ebenso bildete sich im Untergrund ein Zentrales Grabensystem von 100 Kilometern Breite und bis zu zehn Kilometern Tiefe aus (EHLERS 2008:25).

Das Relief der Nordsee wurde maßgeblich durch glaziale Prozesse des zeitlich darauffolgenden Quartärs, speziell im Pleistozän, geprägt. Während die angehobenen Gebiete der Abtragung unterlagen, fand in der Nordsee eine quartäre, bis zu 1000 Meter starke, Akkumulation statt (BAUMHAUER 2010:117). Während der Elster-, Saale- und Weichseleiszeit wurde das Nordseebecken glazial überprägt und geomorphologisch verändert. Der Inlandeispanzer von Skandinavien kommend stieß über die Britischen Inseln bis zu den deutschen und niederländischen Endmoränenlagen vor (BEHRE 2002:324). Der Gletscher schnitt sich in die

Erdoberfläche ein und hinterließ Tunneltäler, Rinnen und Eisstauseen (EHLERS 2008:30). Mit dem Wachstum des Inlandeises sank zunehmend der Meeresspiegel auf ca. 90 - 100 Meter gegenüber heute ab (BAUMHAUER 2010:117). Grund dafür ist der veränderte Eis- und Wasserhaushalt der Erde. Das Wasser wurde in Form von

Eis im Gletscher gebunden. In Folge der Meeresspiegelsenkung fiel die Nordsee erneut trocken und das Becken war zunehmend periglazialen Formungsprozessen ausgesetzt. Als Beispiele sind Eiskeile und asymmetrische Verfüllungen von Rinnen durch periglaziale Solifluktion, meint Bodenfließen über Dauerfrostböden, zu nennen (EHLERS 2008:31). Nicht allein die Eiszeiten beeinflussten die Entstehungsgeschichte der Nordsee massiv, sondern auch der Wechsel der Kaltzeiten mit den Warmzeiten, somit auch die Transgression mit der Regression. Die auf die Elstereiszeit folgende Holsteinwarmzeit führte zu einer weitreichenden südwärts gerichteten Transgression bis knapp an die Ostfriesischen Inseln sowie in weite Teile des Inlandes im Elbgebiet und Schleswig-Holstein. Verbunden damit waren bis zu 65 Meter mächtige marine Sedimentationsprozesse (BEHRE 2002:324). Es folgten weitere Kalt- und Warmzeiten in denen das Nordseegebiet glazial überprägt bzw. vom Meeresanstieg beeinflusst wurde (BEHRE 2002:324). Diese Torfe wurden durch Gezeiten „überflutet und mit Kleischichten bedeckt.“ (BATEMAN 2002 ZIT. IN EHLERS 2008:37). Vor circa 6000 Jahren erreicht die Nordsee annähernd ihren heutigen Standort (BAUMHAUER 2010:117).

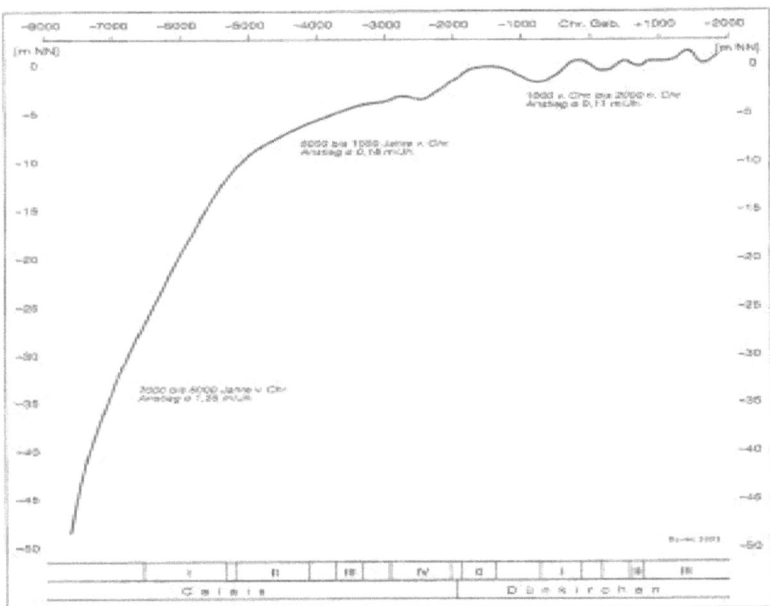

Abb. 1: Phasen der Calais- und Dünkirchen-Transgression (nach Behre 2002:325)

3.2 Geomorphologische Besonderheiten der Nordseeküste

Mit den eustatischen Meeresspiegelschwankungen sowie den in der Nordsee vorherrschenden Gezeiten war das Schelfmeer seit jeher verschiedensten Prozessen ausgesetzt, die zu der Küstenmorphologie, wie wir sie jetzt vorfinden, führten.

Die typischen geomorphologischen, besonders die fluvialen und litoralen Prozesse und daraus resultierenden Besonderheiten der Nordsee sollen in diesem Kapitel näher beleuchtet werden.

3.2.1 Die Gezeiten

Den Motor für die vielfältige Gestaltung des Küstenraums bilden die Gezeiten, oft als Tiden bezeichnet werden (HAVERSATH 1997:14). Die Gezeiten beruhen auf den Anziehungskräften des Mondes und der Sonne. Die Höhe der Gezeiten ist abhängig von deren Stellung und Rhythmus zueinander bzw. zur Erde (AHNERT 2009:327). Befinden sich bei Vollmond und Neumond Sonne, Mond und Erde in einer Linie, so wird die Gravitationswirkung verstärkt und es bilden sich sogenannte Springtiden aus. Stehen Sonne und Mond rechtwinklig zueinander, sinkt die Anziehungskraft und es vollzieht sich lediglich eine schwache Nipptide (ELSNER 2001:13). Die Tidenströmung der Nordsee verläuft vom Atlantik kommend an der westlichen Nordsee von Nord nach Süd, ändert die Richtung gegen Osten und abschließend gen Norden (BEHRE 2002:330). In Mitten der Nordsee befinden sich drei Amphidrome, die westlich der Niederlande, südlich Norwegens und nordwestlich der Insel Helgoland lokalisiert sind. An diesen Stellen ist der Tidenhub annäherungsweise Null (AHNERT 2009:329). Wie in der Abbildung 2 auffällt, nimmt der Tidenhub von der offenen See bis zur Küste stark zu. Dies ist auf eine Stauung des von der Tide bewegten Wassers sowie entstandener Resonanzschwingungen, die die Wasserschwankungen verstärken, zurückzuführen. (AHNERT 2009:330).

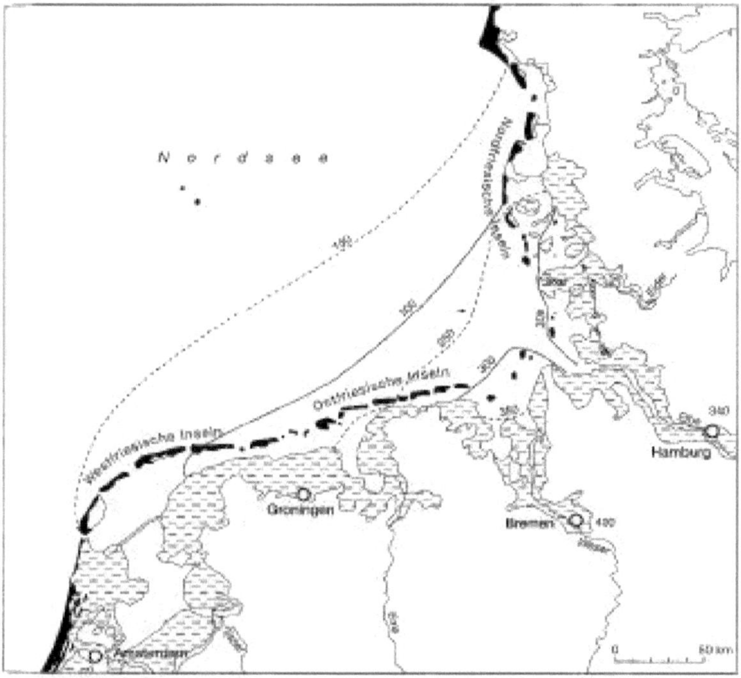

Abb. 2: Tideschwankungen an der Nordsee (nach BEHRE 2002:329)

Hinsichtlich der Intensität der Tideschwankungen kann in drei Messbereiche unterschieden werden. Die Mikrotiden liegen in einem Tidenhubbereich bis maximal 1,80 Meter. Der Mesotidenbereich umfasst Tidenschwankungen von 1,8 - 3,60 Metern, lokalisierbar ist dieser beispielsweise nahe der West- und Ostfriesischen Inseln. Die höchsten Tiden, die Makrotiden mit über 3,60 Metern Tidenhub, befinden sich exemplarisch in der Deutschen Bucht. Die Gezeiten und die Intensität des Tidenhubs haben einen maßgeblichen Einfluss auf den inneren Küstenbereich inklusive der Häfen und die Existenz bzw. Entstehung von Barriereinseln (REINECK 1984:189f.).

3.2.2 Die Barriereinseln

Die West-, Ost- und Nordfriesischen Inseln, die sich von den Niederlanden bis in den Norden Dänemarks ziehen, bilden eine unterbrochene Reihe von Düneninseln. Zusammen machen sie das sogenannte Barrieresystem aus.

Die Barriereinseln West- und Ostfrieslands werden in Richtung Osten zunehmend kleiner bis sie zwischen Wangerooge und Eiderstedt von Platen und Sandbänken ersetzt werden (BAUMHAUER 2010:117; BEHRE 2002:329). Während an der Rheinmündung bei Den Helder der Strandwall geschlossen ist, werden die anderen Düneninseln durch Seegatts, die „Leitbahnen der Gezeitenströme" (BAUMHAUER 2010:117), unterbrochen. Nördlich der Deutschen Bucht beginnen die Nordfriesischen Inseln, deren Strandwall sich im nördlichen Teil Dänemarks erneut schließt (BEHRE 2002:329). Die Entstehung der Inselkette ist abhängig von der Intensität des Tidenhubs. Die küstenparallele Strömung im Norden sowie Westen mit Tiden bis zu 1,50 Metern führt zur Ausbildung geschlossener Inselbereiche. In der Deutschen Bucht mit Tiden deutlich über drei Metern ist die Wellenenergie zu stark für die Ausbildung von Düneninseln (BEHRE 2002:330). Die Barriereinseln sind aufgrund von Gezeiten, Seegang und Wind schnell veränderlich und daher sehr dynamische Gebilde. Durch Westwinde kam es zur Ostverlagerung der Inseln, wobei Sand an der Westseite mobilisiert wurde und sich am Ostende ablagerte (HAVERSATH 1997:18).

Die Düneninseln wurden während der „Transgression aus marinen Sanden" natürlich erbaut (HAVERSATH 1997:18). Zunächst entstehen Sandplaten, die durch weitere Sandzufuhr über das Überflutungsniveau ansteigen. Mit der Anreicherung von Sinkstoffen an die Düne entfaltet sich ein Inselschutzwatt (ELSNER 2001:15). Die Nordfriesischen Inseln sind keine reinen Schwemmsandkörper wie die West- und Ostfriesischen Inseln, da sie sich aus alten Festlandsresten entwickelten (BEHRE 2002:341). Der Fuß einer solchen Düneninsel unterhalb der Tidenniedrigwasserlinie wird als Vorstrand oder Schorre bezeichnet. Zwischen der mittleren Tidenniedrigwasser- und Tidenhochwasserlinie befindet sich der sich anschließende nasse Strand, der periodisch bei Hochwasser überflutet wird und bei Niedrigwasser trocken fällt. Sowohl der Vorstrand als auch der nasse Strand können Strandwälle aufweisen. Der letztgenannte bildet einen Strandpriel aus. Anschließend folgt über dem Niveau der Mittleren Tidenhochwasserlinie der trockene Strand. Dieser wird nur selten bei Sturmflutereignissen geflutet und daher äolisch beeinflusst (BEHRE 2002:328).

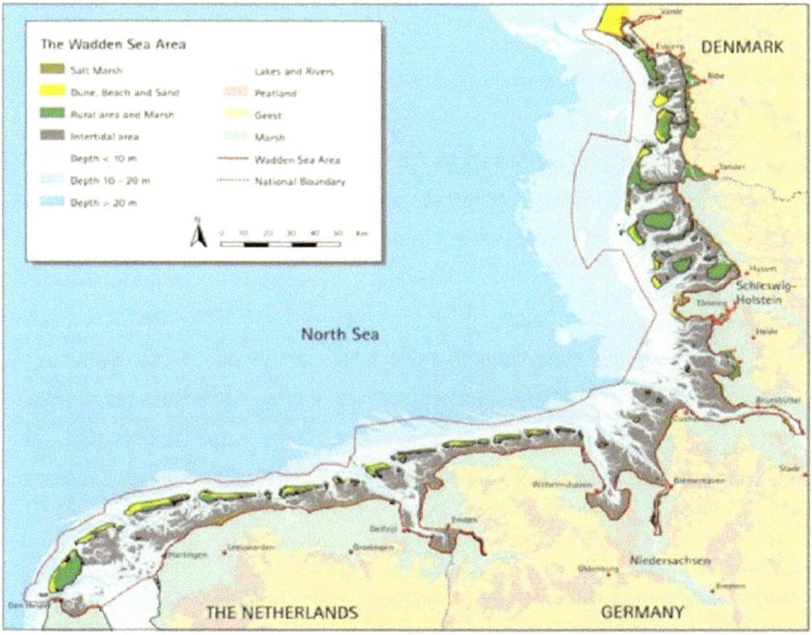

Abb. 3: Die Geographische Lage des Wattenmeeres (<http://www.nationalpark- wattenmeer.de/sites/default/files/media/images/watt-trilateral.jpg> Zugriff: 15.10.16)

3.2.3 Das Wattenmeer

Als Watt bezeichnet HAVERSATH (1997:14) das „Schwemmland, das noch unmittelbar den akkumulierenden und erodierenden Kräften der Gezeiten unterliegt". Das Wattenmeer, in Abbildung 3 abgebildet, ist folglich der Bereich zwischen dem mittleren Tideniedrig- bzw. dem mittleren Tidehochwasser (BAUMHAUER 2010:117) und erreicht entlang der Nordseeküste eine Breite von circa 20 Kilometern (HAVERSATH 1997:14).

Bei Flut wird die Schwebefracht, bestehend aus Sand und Schlick, mobilisiert und gelangt über Gatts in die weitverzweigten Priele. Zum Zeitpunkt des Kenterns wird die Schwebfracht akkumuliert (AHNERT 2009:334). Dabei können sich hoch aufgeschichtete Schlickpakete entwickeln, die sich im Holozän zu den Marschen weiterentwickelt haben (HAVERSATH 1997:17). Insgesamt bleibt jedoch der Sedimenthaushalt gleich. Ausschließlich eigene Sedimente werden erodiert und resedimentiert, kaum wird Material von außerhalb zu- oder abgeführt (HAVERSATH 1997:16). Die aufgelandeten Wasserscheiden zeigen Spuren von Kleinrippeln auf, bei hohem Seegang können Riesenrippeln von 1,5 bis 15 Metern Höhe aufgebaut werden, die eine Gefahr für die Schifffahrt darstellen. Das weitverzweigte Be- und Entwässerungssystem jedoch unterliegt aufgrund unterschiedlicher Strömungsverhältnisse einem stetigen Wandel (BEHRE 2002:330f.). Betrachtet man die Lage des Watts zur See kann man Ästuarwatten in den Flussmündungen, Buchtenwatten in großen Meeresbuchten, offene Watten und Rückseitenwatten unterscheiden. Während die offenen Watten der offenen See ungeschützt der Erosion ausgesetzt sind, liegen die Rückseitenwatten geschützt an der Südseite der Barriereinseln (ELSNER 2001:48). Aufgrund einer großen Populationsdichte an Bodenfauna wird im Wattenmeer eine hohe Menge Biomasse produziert, die sich im Sommer an die des tropischen Regenwaldes annähert (BEHRE 2002:330).

3.2.4 Ästuare, Fluss- und Seemarschen

Während die Barriereinseln und das Wattenmeer zum äußeren Küstenbereich zählten, gehören nach BEHRE (2002) die Begriffe Ästuare und Marschen zum inneren Teil der Nordseeküste. Die Ästuare sind Trichtermündungen, die erneut auf die Kraft der Gezeiten zurückzuführen sind. Aufgrund des erheblichen Tidenhubs an der Deutschen Bucht, mündet beispielsweise die Elbe trichterförmig in die Nordsee. Im Landesinneren bilden sich wegen nachlassendem Tidenhub deltaähnliche Stromspaltungen (BEHRE 2002:331f.). In der Mündung der Flüsse entwickelt sich eine bis zu 50 Kilometer breite Brackwasserzone, da sich das Süßwasser der Flüsse mit dem Salzwasser der Nordsee vermischt (BEHRE 2002:331). An das Wattenmeer sowie an die Flussmündungen oberhalb der mittleren Tidehochwasserlinie schließen sich die in der Dünkirchen-Transgression entstandenen See- und Flussmarschen an

(BAUMHAUER 2010:120). Die Geomorphologie beider Marscharten ist annähernd gleich. In Küstennähe findet man einen Uferwall vor, der sich durch Ausfallen von Sedimenten nach Sturmflutereignissen auftürmte. Das entstandene Hochland wird als junges Marschland bezeichnet. Im Landesinneren folgt die ältere Marsch, welche durch Absenkung in Folge der Drainagemaßnahmen in der Kolonisation vergleichsweise tief ist (BEHRE 2002:332f.). In diesem sogenannten Sietland entwickelten sich bis an die Geest, die Altmoränenlandschaft des Norddeutschen Tieflandes, ausgedehnte Moore. Die Flussmarschen haben im Gegensatz zu den Seemarschen einen niedrigeren Salz- und Kalkgehalt. Insgesamt ist das Marschland ein sehr fruchtbares Gebiet, welches ackerbaulich bestellt wird. Zur Ausweitung der landwirtschaftlichen Nutzbarkeit in Form von Neulandgewinnung, werden die Marschen weiträumig eingedeicht (BAUMHAUER 2010:120).

4 Die Küstengeomorphologie der Ostsee

Die Ostsee, auch Baltisches Meer genannt, ist ein humides Nebenmeer des Atlantiks und befindet sich innerhalb des europäischen Kontinents (NIEDERMEYER & WERNER & JANKE 1995:51). Nach HUPFER (2010:11) wird ein Meer dieses Typs als intrakontinentales Mittelmeer bezeichnet und unterscheidet sich gleichermaßen in seiner Charakterisierung von interkontinentalen Mittelmeeren, welche Kontinente oder Teilkontinente trennen. Die gesamte Fläche der Ostsee, einschließlich des Übergangsgebietes zur Nordsee, beträgt 415.000 km^2 und ist somit etwa mit der von Schweden vergleichbar (HUPFER 2010:13). Über die Darßer Schwelle und den Öresund besitzt die Ostsee eine Verbindung zur Nordsee (KLIEWE & SCHWARZER 2002:343). Aufgrund dieser schmalen Verbindung zu salzhaltigem Ozeanwasser und dem überwiegenden Teil der in die Ostsee mündenden Süßwasserflüsse, wie zum Beispiel die Warnow bei Rostock, ist der Salzgehalt dieses Meeres sehr gering (HAVERSATH 1997:19). Jährlich sorgen nur etwa 900 km^3 Nordseewasser für den Austausch ihres etwa 22.000 km^3 messenden Volumens (BEHNEN 2000:128), womit die Ostsee nach HUPFER (2010:13) ein sehr kleines Meer im Vergleich zu anderen Weltmeeren darstellt. Dieser Umstand führt allerdings auch zu einer besonders

hohen Sensibilität des Geoökosystems Ostsee gegenüber menschlichen Einflüssen. Der
Küstenverlauf erstreckt sich über eine Länge von 7000 km^2 und bindet hierbei die Anrainerstaaten Dänemark, Deutschland, Schweden, Polen, Litauen, Lettland, Estland, Russland und Finnland mit ein (HUPFER 2010:12ff.)

4.1 Die Entstehung der Ostsee

Noch im letzten Jahrhundert stritten sich die Gelehrten darüber, wie riesige Findlinge aus skandinavischen Gesteinen über die Ostsee in das Norddeutsche Tiefland gelangen konnten. Sie wussten noch nichts von den gewaltigen Transportleistungen der Gletscher und konnten sich zudem nicht vorstellen, dass der gesamte Ostseeraum einmal Festland war (KÜSTER 2002:27). Die Entstehung der Ostsee als ein geologisch sehr junges Meer ist zurückzuführen auf die Weichseleiszeit im Jungpleistozän vor mehr als 70.000 Jahren (AHNERT 1996:321). In dieser Zeit entwickelte sich die Form des tektonischen Ostseebeckens, welche als Hauptbewegungsbahn für das skandinavische Inlandeis fungierte (KLIEWE & SCHWARZER 2002:349). Vor allem während der jüngeren Hochglazialzeit formte das Eis das Relief maßgebend. Zunächst stieß das Inlandeis mit dem Brandenburger Stadium bis in die Niederlausitz vor (DUPHORN & KLIEWE 1995:28). Dessen Endmoränen wurden vom Frankfurter
Stadium überfahren (DUPHORN & KLIEWE 1995:28). DUPHORN & KLIEWE (1995:28) erklären, dass das Eis dieser beiden Stadien mit dem Blankenberger Interstadials bis in das südliche Ostseegebiet abschmolz. Mit dem Mecklenburger Stadium stieß das Weichseleis zum letzten Mal nach Deutschland vor, wodurch das deutsche Küstengebiet noch einmal entscheidend geformt wurde (DUPHORN & KLIEWE 1995:29). Erst mit dem Abtauen des Innlandeises im Übergang zum Holozän vor ca. 13.000 Jahren (HUPFER 2010:22) vollzog sich die Ausbildung einer Meeresfläche im heutigen Ostseegebiet. Hierbei können vier Hauptphasen der nacheiszeitlichen Entwicklung unterschieden werden, welche die Ausgestaltung der Ostseeküste einem Wettlauf zwischen isostatischer Landhebung und eustatischem Meeresspiegelanstieg unterwarfen. In der Zeit des Weichsel-Spätglazials taute das

Inlandeis nach Norden auf, wodurch sich zuvor entstandene Eisstauseen zum Baltischen Eisstausee zusammenschließen konnten (DUPHORN & KLIEWE 1995:31). Mit dem Beginn des Holozäns vor mehr als 10 000 Jahren floss das Yoldiameer ein, wobei das Gebiet der südlichen Ostsee einer terrestrischen Fluss- und Seenlandschaft glich (DUPHORN & KLIEWE 1995:31). Das sehr salzreiche Yoldiameer und der Baltische Eisstausee existierten nur im zentralen Ostseebecken und erreichten damit das heutige deutsche Küstengebiet nicht (KLIEWE 2004:253). Durch das Zurückschmelzen des Inlandeises nahm der glazialisostatische Anstieg Skandinaviens immer mehr zu, wodurch die Verbindung zum offenen Meer geschlossen wurde und der Ancylus-See entstand (KLIEWE 1995:35). Dieser war im Gegensatz zum Yoldia-Meer stark ausgesüßt und erreichte bereits das östliche deutsche Ostseegebiet, welches durch den Fund von Sedimenten des Ancylus - Sees im Nordteil des Greifswalder Boddens bestätigt wurde (KLIEWE 2004:256). Die Hebung Skandinaviens setzte sich weiter fort, wodurch der Ancylus - See südwärts verlagert wurde und durch seine südwärtige Flussbildung über den Fehmarnbelt und den Großen Belt abfloss, nachdem er die Darßer Schwelle übertreten hatte (KLIEWE 1995:35). Nun drang das Litorina – Meer in das Ostseegebiet ein (KLIEWE & SCHWARZER 2002:356).

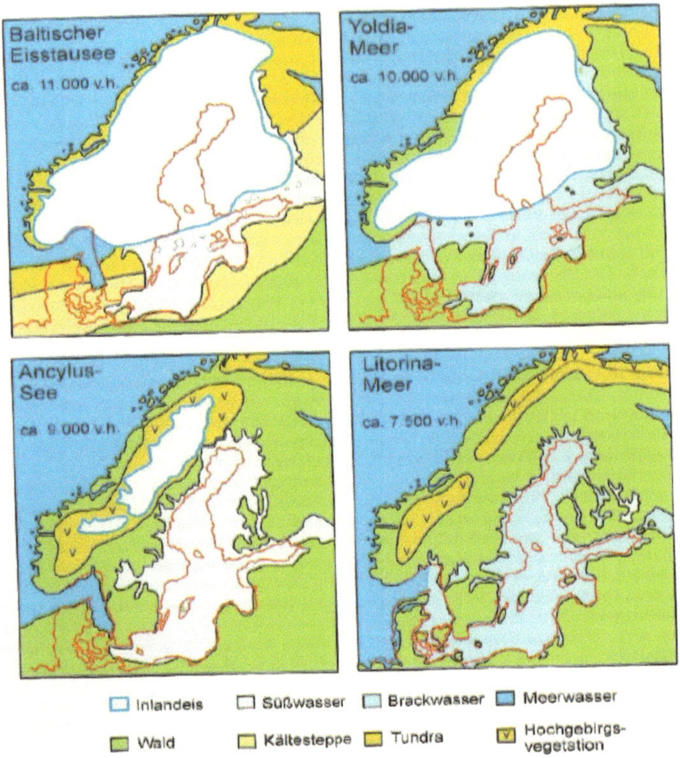

Abb. 4: Die Entstehungsphasen der Ostsee (nach HUPFER 2010:18)

Dies führte zum „Ertrinken der festländischen Bereiche" (KLIEWE 1995:40). Die darauffolgende Entwicklung wurde von zwei gegenläufigen Prozessen bestimmt. Zum einen kam es zum Abschmelzen der in den Gletschern gebundenen Wassermassen infolge einer globalen Klimaerwärmung, was zum Anstieg des Grundwasserspiegels führte (LESER 2011:220). Die isostatischen Bewegungen der skandinavischen Ostseeküste hatten zur Folge, dass es einerseits im Norden zu einer Anhebung oder

Regression und andererseits im Süden zu einer Absenkung bzw. Transgression kam. LESER (2011:976) versteht unter Transgression „das Übergreifen des Meeres auf Festlandsflächen infolge eines eustatischen Meeresspiegelanstiegs". Das letzte und bis heute andauernde Entwicklungsstadium der Ostsee stellt das Myameer dar, welches seit etwa 500 Jahren konstant besteht und mit dem Einwandern zahlreicher

Süßwasserarten im Zuge einer hohen Salinitätsverminderung entstand (HUPFER 2010:25).

4.2 Geomorphologische Besonderheiten der Ostseeküste

Die gegenwärtige Gestalt von Küsten stellt nach KLIEWE (1995:45) das Ergebnis einer Vielzahl wirksamer Faktoren und Prozesse dar. Das heutige Erscheinungsbild der Ostseeküste ist im erheblichen Maße auf der glazialen Verformung der geotektonischen - geologischen Verhältnisse nach Verlaufsform und Intensität zurückzuführen (HUPFER 2010:26). Jedoch unterliegen Küsten nach ZEPP (2014:261) permanenten Formungsprozessen, welche sich aus der wechselseitigen Beeinflussung litoraler Prozesse und geomorphologischer Strukturen ergeben. Hierbei ist für die südwestliche Ostseeküste insbesondere die Bildung von Nehrungen und
Haken hervorzuheben. „ Eine Nehrung ist ein langgestreckter, über den Meeresspiegel aufragender Akkumulationskörper aus Lockermaterial, an dessen meerwärtiger Seite Strand und Dünen entwickelt sind" (AHNERT 1996:348) Die Entwicklung der Nehrung beginnt als „Sandriff im seichten Wasser vor der Küste" (AHNERT 1996:348). Dieses Sandriff ist durch fortschreitende Sedimentation aufgehöht, wobei dessen freies Ende den einströmenden Wellen ausgesetzt ist (AHNERT 1996:348). Aufgrund der Größe und Richtung der lokalen Wellen- und Strömungsresultanten in einem longshore-dirft, erfolgt ein Strandversatz, welcher mit einem küstenparallelen Materialtransport einhergeht (DONGUS 1980:183). Am Ende dieses Transportes schwenkt und verbiegt sich das verlagerte Material zu einem Haken mit dahinterliegender Bucht (AHNERT 1996:348). Des Weiteren ist hinzuzufügen, dass die Haken nicht nur an der Spitze des Transportes akkumuliert, sondern auch abradiert werden (DONGUS 1980:183).

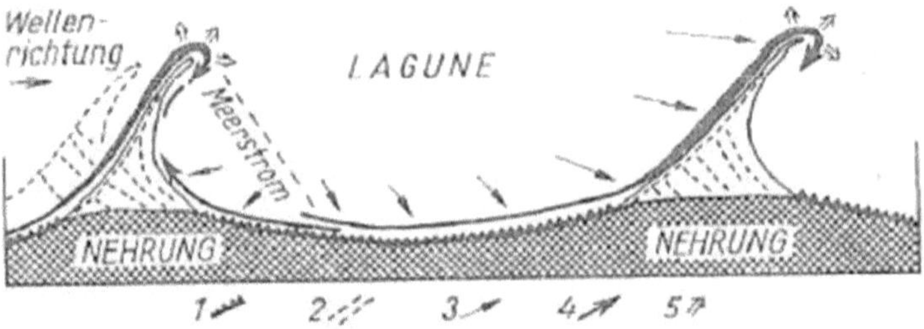

Abb. 5: Schema einer Nehrungsbildung in DONGUS (1980:183)

Ein Beispiel für die Existenz von Nehrungen ist das Fischland Darß-Zingst. Bis auf den Kern aus eiszeitlichen Ablagerungen, besteht das Fischland aus Sedimentakkumulationen des Meeres (REINECKE 2011:16). Im Folgenden soll die deutsche Ostseeküste hinsichtlich geomorphologisch ausgeprägter Küstentypen und Küstenformen untersucht werden.

4.2.1 Küstentypen der deutschen Ostseeküste

Bei der Betrachtung des deutschen Küstengebietes in west-östlicher Richtung werden vier markante Küstentypen ersichtlich. Im Westen findet man die schleswigsche Fördenküste, welche in die holsteinische - westmecklenburgische Buchtenküste übergeht. Danach folgt die mecklenburgische Ausgleichsküste und im Osten die vorpommerische Bodden- bzw. Boddenausgleichsküste.

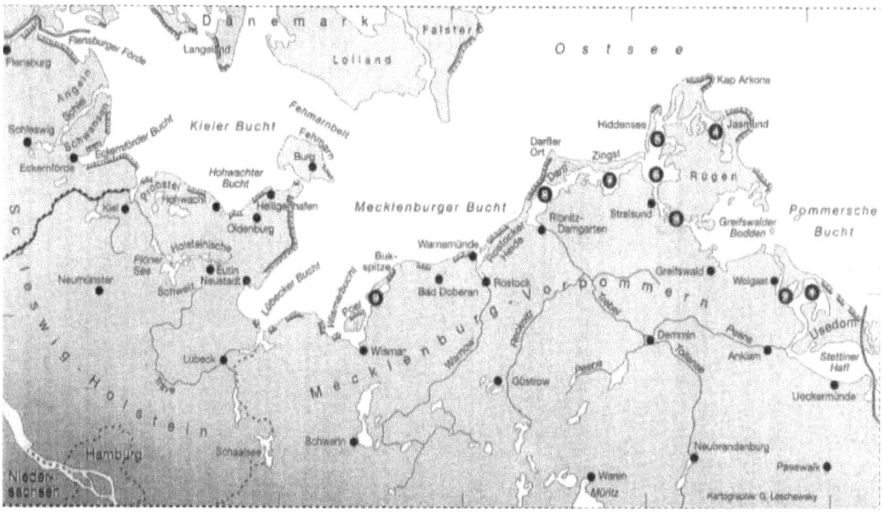

Abb. 6 :Topographie des deutschen Ostseeküstengebietes (nach KLIEWE & SCHWARZER 2002:346)

Die schleswigsche Fördenküste besteht aus lang gestreckten und relativ schmalen Buchten, die Förde genannt werden (KLIEWE & SCHWARZER 2002:361). Diese Förde sind eng verwandt mit den Fjorden Norwegens, sind aber „im Bereich einer schwach reliefierten, wenig erosionsresistenten Grund- und Endmoränenlandschaft" entstanden und somit „das Ergebnis der hoch- bis spätweichseleiszeitlichen Vereisung" (KLIEWE & SCHWARZER 2002:361). Dabei drang das Eis der Weichseleiszeit landeinwärts und schuf „hintereinander gestaffelte Zungenbecken", die durch glaziale und glazifluviale Erosionswirkung zu „lang gestreckten, rinnen- oder wannenförmigen Hohlformen" gestaltet wurden (KLIEWE & SCHWARZER 2002:361). Daraufhin drang das Litorina-Meer in diese Hohlformen ein und es entstanden schmale Förde, die teilweise einen flussartigen Charakter aufweisen (KLIEWE & SCHWARZER 2002:361ff.). Abbildung 7 zeigt außerdem die Anordnung der vier zur Ostseeküste gehörenden Förden. Dies sind die Flensburger Förde, die Schlei, die Eckenförder Bucht und die Kieler Förde.
(KLIEWE & SCHWARZER 2002:361).

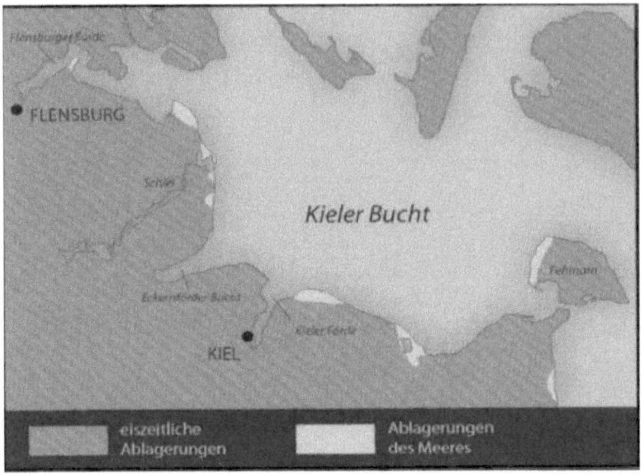

Abb. 7 : Fördenküste Deutschlands (REINICKE 2011:21)

Nach diesem Küstentyp reiht sich die holsteinisch–westmecklenburgische Buchtenküste ein. Diese Art von Großbuchtenküste war zunächst in höhere Endmoränenzüge gegliedert, zwischen denen sich tiefer gelegene Zungenbeckenbereiche befanden, in die später das Litorina–Meer buchtenförmig eindrang (KLIEWE 1995:47). Dadurch entstand die Hohwachter Bucht, die von der Lübecker Bucht durch die Halbinsel Wagrien und die vorgelagerte Insel Fehmarn abgetrennt wird. Den Küstenraum vom westlichen Bereich der Wismarbucht bis zur Rostocker Heide bezeichnen KLIEWE & SCHWARZER (2002:370) als die 50 km lange mecklenburgische Ausgleichsküste. Einer Ausgleichsküste schreibt ZEPP (2014:273) einen „geradlinigen Küstenverlauf, der durch Abrasion von Landvorsprüngen und Abschnürungen von Buchten durch Nehrungen entstanden ist", zu. An der Bukspitze nimmt die Meeresdynamik stark zu, weshalb dieser Küstenraum der marinen Abtragung unterliegt und hohe Landrückgangsraten aufweist, wie zum Beispiel östlich von Warnemünde mit bis 2,2 m / Jahr (KLIEWE & SCHWARZER 2002:370). Im Osten der deutschen Ostseeküste befindet sich der Bodden bzw. die Boddenausgleichsküste. Entstanden ist dieser Küstentyp durch das Eis des Mecklenburger Stadiums, welches „eine reliefstarke Endmoränenlandschaft mit mehrfach gekammerten und tief ausgeschürften Gletscherzungenbecken" schuf (KLIEWE 1995:49f.). Mit dem Eindringen des Litorina–Meeres entstand eine „Insel–Halbinsel–Buchtenküste" (KLIEWE 1995:262). Durch die folgende Verlangsamung des Ostseespiegelanstieges stand genügend Sediment für die Bildung von Haken und Nehrungen zur Verfügung, welche die Buchten vom offenen Meer abriegelten und so die vorpommerische Boddenkette entstehen ließen (KLIEWE 1995:262). Das Gebiet der Bodden besitzt eine Größe von circa 1 000 km^2 und besteht aus der Darß– Zingster–Boddenkette, der Westrügenschen Boddenkette, der Nordrügenschen Boddenkette, dem Greifwalder Bodden und dem Strelasund. Die Bodden sind kein Meer, aber auch kein Binnensee, da sie eine Verbindung zur freien Ostsee besitzen (DEUTSCHES MEERESKUNDEMUSEUM STRALSUND 2009). Bei einem rundlich bis ovalen Grundriss weisen sie Tiefen von zwei bis vier Metern auf (DEUTSCHES MEERESKUNDEMUSEUM STRALSUND 2009).

4.2.2 Küstenformen der deutschen Ostseeküste

Betrachtet man die Küstendynamik, so erkennt man verschiedene Küstenformen, welche die Gestalt der Küstenräume charakterisieren. Besonders anhand der Boddenküste lassen sich diese verdeutlichen. Die Kreideküste von Jasmund ist ein Beispiel für Steilküsten, die man entlang dieses Küstentyps findet. Sie gehören zu der Gruppe der Abtragungsküsten und sind daher durch einen negativen Materialhaushalt gekennzeichnet (NIEDERMEYER & LAMPE & KLIEWE & SCHWARZER 2011:98).

Abb. 8: Brandungskliff – Nationalpark Jasmund auf Rügen
(<https://naturfotografen-forum.de/data/media/1/kreidek%C3%BCste-56.jpg> Zugriff: 10.10.16)

Steilküsten bestehen aus Kliff, Strand und Schorre. Aufgrund von Brandung, Regenzeiten oder durch Frostsprengung kommt es immer wieder zu Abbrüchen und Rutschungen am Kliff (REINICKE 2011:52). Größere Steine oder Blöcke, die nicht vom Meer weggetragen werden können, bilden am Fuß des Kliffs eine Halde. Lockermaterial wie Kies oder Sand wird hingegen vom Meer weggetragen und dient zum Aufbau von Flachküsten (REINICKE 2011:52). Vor allem in Mecklenburg–Vorpommern entstehen bei sehr sandigen Steilküsten Kliffranddünen. (NIEDERMEYER & LAMPE & KLIEWE & SCHWARZER 2011:104). „Bei auflandigem Wind wird als Folge von Sandverwehungen aus dem Kliffhang und begleitenden Wirbelbildungen der Sand aufwärts verfrachtet und im Bereich der Kliffoberkante abgelagert" (NIEDERMEYER & LAMPE & KLIEWE & SCHWARZER 2011:104). Die Charakterisierung einer Steilküste wird in Abbildung 9 genauer dargestellt.

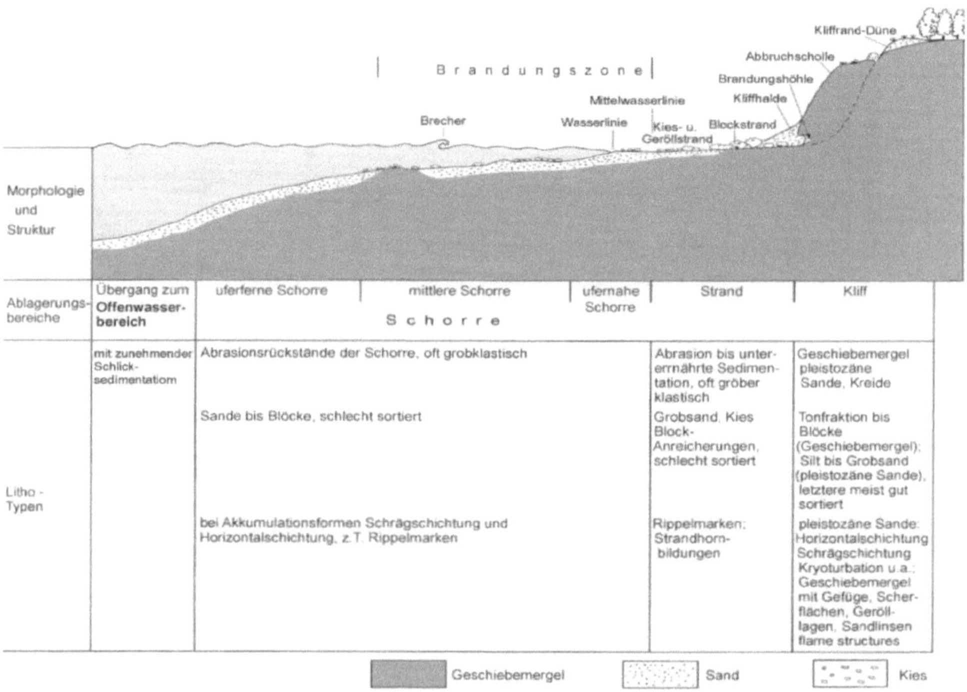

Abb. 9: Aufbau einer Steilküste (verändert nach KATZUNG 2004:339)

Flachküsten besitzen im Gegensatz zu Steilküsten, wie in Abbildung 10 erkennbar, einen aus „gut bis mäßig sortierten Mittelsanden“ bestehenden Strand (KATZUNG 2004:340). Diese lassen sich zum Beispiel westlich vom Darßer Ort bei Prerow auf dem Fischland Darß–Zingst finden und werden den Anlandungsküsten zugeordnet (NIEDERMEYER & LAMPE & KLIEWE & SCHWARZER 2011:99).

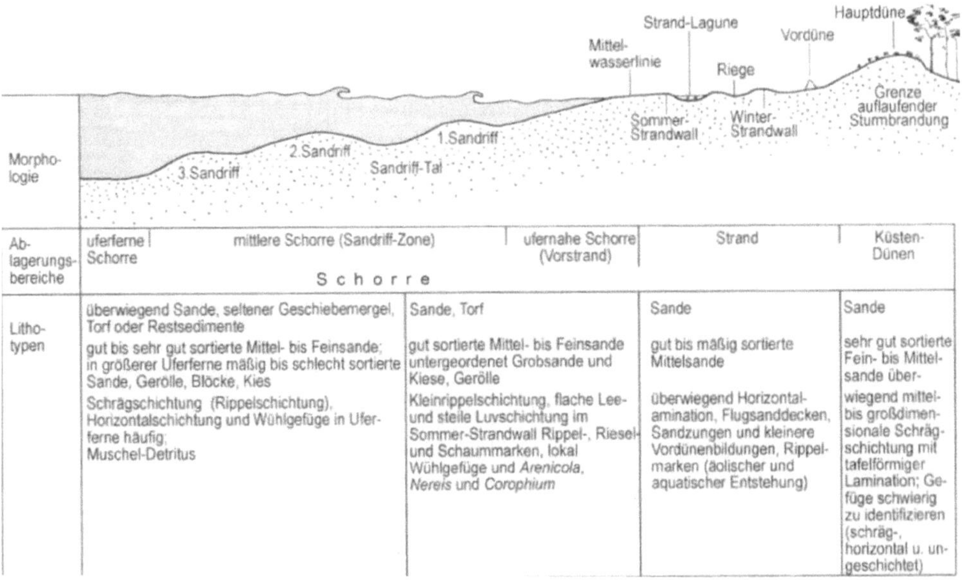

Abb. 10: Aufbau einer Flachküste (verändert nach KATZUNG 2004:340)

5 Anthropogener Einfluss zwischen Mitigation und Adaptation

Die bisher angeführten geomorphologischen Untersuchungen des Küstenraumes der Nord - und Ostsee weisen wenig Gemeinsamkeiten hinsichtlich der formbildenden Einflussfaktoren sowie deren erdgeschichtlichen Geneseprozesse auf. Allerdings lässt sich nach GOUDI (2007:278) ein deutliches Nordsüdgefälle beider Küstengebiete erkennen, da durch glaziale Überformung und postglaziale Ausformung im Norden ein Küstengebiet geschaffen wurde, welches durch starke Landhebung und Regression gekennzeichnet ist, während die Südküsten der Nord - und Ostsee einen transgressiven Küstenraum abbilden. Im Zuge des globalen Meeresanstieges werden transgressive Küstenräume im Besonderen beeinträchtigt.

Angelehnt an DASCHKEIT & SCHOTTES (2002:1f.) stellt die kontrovers - diskutierte globale Erderwärmung eine besondere Beeinträchtigung für die weltweiten Küstengebiete dar, da hierbei spezifisches Handlungswissen von Nöten ist, um ein zukunftsorientiertes und integratives Küstenmanagement zu betreiben. Die nach BEHRE (1993:65) zutreffenden Folgeerscheinungen für die südliche Nord - und Ostseeküste sind hierbei vorwiegend Hochwasserereignisse sowie Sturmfluten. In Bezug auf die humangeographische Hazardforschung heißt es bei DIKAU & POHL (2007:1031): „Hazards sind plötzlich auftretende Ereignisse mit erheblichen Schadensausmaß für Menschen, Infrastruktur und soziales Gefüge in einer größeren Region." Somit kann ein eustatisch steigender Meeresspiegels im Küstenraum der Nord- und Ostsee auch als eine „hydrologisch– glaziologische Naturgefahr" nach DIKAU & POHL (2007:1035) eingeordnet werden. Allerdings machen DIKAU & POHL (2007:1030) auch deutlich, dass sich potenzielle Naturgefahren erst durch das Zusammentreffen auf anthropogene Agglomerationsstrukturen in Naturrisiken wandeln. Daher gilt es, vorerst das Gefährdungspotenzial des untersuchten Küstenbereiches auszuloten. Dieses resultiert laut BEHNEN (2000:162) aus einer anthropogenen Küstentransformation zum Zwecke der sozio-ökonomischen Nutzerhaltung und - Erweiterung.

5.1 Der Meeresspiegelanstieg und dessen Auswirkungen

Der globale Klimawandel stellt einen zentralen Einflussfaktor für die nachhaltige Entwicklung der deutschen Küstengebiete dar (ZACHIAL 1993:333). Dass dieser Wandlungsprozess zu einem Großteil auf anthropogene Ursachen, namentlich die Treibhausgasbelastung der Atmosphäre, zurückgeführt wird, ist dem Syntheseprodukt der akademisch - konsensualen Simplifizierung, sowie der vorwiegend einseitigen politisch - medialen Repräsentation, Inszenierung und Öffentlichkeitskommunikation der Thematik des Klimawandels, zu verdanken. Jedoch treten sowohl im Bereich der Ursachen - wie auch Folgenforschung zahlreiche konträre wissenschaftliche Positionen auf. Der anthropogene Klimawandel stellt gemäß LÜDECKE (2016:7) die wissenschaftliche Hypothese dar, dass die gesteigerte Kohlendioxidemissionen seit dem Beginn der Industrialisierung um 1850 von 0,028 Prozent auf 0,038 Prozent, aufgrund eines künstlichen

Treibhauseffektes im Zusammenspiel mit weiteren emittierten Treibhausgasen wie Methan, zu einer globalen Erwärmung durch den Anstieg der globalen Durchschnittstemperatur der Erdatmosphäre führt. Dieser Erwärmungseffekt wird auch als *„Anthropogenic Global Warming“* (AGW) bezeichnet. Die AGW - Klimaszenarien leiten sich aus der Klimasensitivität des Kohlendioxids ab (LÜDECKE 2016:8). Diese Sensitivität ist allerdings noch nicht genügend verifiziert, aufgrund fehlender Einigkeit in den dazu herangezogenen wissenschaftlichen Fachpublikationen, welche der IPCC (Interngovernmental Panel on Climate Change) zusammengetragen hat (IPCC 2014:16). Bis zum Ende des 21. Jahrhunderts prognostizieren die führenden deutschen Klimawissenschaftler des PIK (Potsdam - Institut für Klimafolgenforschung) SCHELLNHUBER/RAHMSTORF (2007:55) eine positive Temperaturabweichung von insgesamt 3 °C, seit Beginn der Temperaturmessungen im Jahre 1880. Allerdings weisen computermodellierte Klimavorhersagen immense prognostische Fehlerraten, Blindflecken der Datenmateriale und systemische Grundproblematiken auf, welche in einer fundamentalen Ausgangsbetrachtung falsifiziert werden können.

Dieser Grundlagefehler der herkömmlichen Klimawissenschaft verbirgt sich bereits in der Gewinnung und dem Messverfahren von Wetterdaten (Temperatur -, Luftfeuchtigkeit, Luftdruck, Wetteranmomalien etc.) und erstreckt sich weiter über die Subsumierung dieser Einzeldaten und Konstruktion der Kunstbegriffe „globale Durchschnittstemperatur“ und „Klimawerte“. Der Diplommeteorologe Wolfgang Thüne beschreibt diese geographischen Artifizialien wie folgt (TÜHNE 1998: 165):

> Ein Klimawert ist ein rein statistischer Mittelwert, der sich mit zunehmender Mittelungsdauer immer mehr von der Wirklichkeit entfernt und an Aussagekraft verliert. Eine, über eine , „Klimaperiode“ ‘ von 30 Jahren gemittelte, Temperatur sagt nichts mehr aus über das abwechslungsreiche Wettergeschehen, das ihm während dieser Zeitspanne zugrunde gelegen hat. Das führt zu der zweiten wichtigen Erkenntnis: Ein Klimawert ist nicht nur ein künstlich - unnatürlicher Wert, er ist stets und immer ein die Vergangenheit wiedergebender Wert. Ein Klimawert ist eine leblose, tote Zahl, die weder eigenes Lebens noch irgendeine Dynamik in sich trägt. Das Klima ist eine Funktion des Wetters, es ist eine abhängig - statische Größe und keine steuernde - dynamische Größe [...]. Solche ein , „ Globalwert“ ‘ ist ein ideologischer, ja idiotischer Wert, weil physikalisch unsinnig!

Die Aussagekraft einer globalen Durschnittstemperatur von 15 °C ist stark anzuzweifeln und die darauf abgeleiteten Schlussfolgerungen äußerst kritisch zu betrachten. Diese Zahl ist eine fiktiv - hypothetische Größe, welche keinerlei Informationswert über die diversifizierten - und heterogenen Klimate der Erde und deren Fluktuationsbreite enthält (THÜNE 1998: 166f.). Zudem begleitet die Betrachtung der Veränderung dieses Durchschnittswertes über einen längeren Zeitraum von über hundert Jahren, womit schließlich die Kohlendioxiderhöhung im Zuge der Industrialisierung begründet werden soll, ein weiterer schwerwiegender Fehler. So existierten beispielsweise zu Beginn der Temperaturaufzeichnung im Jahre 1880 noch überhaupt keine Möglichkeiten, eine globale Mitteltemperatur zu datieren, da dies schlicht eine technische Unmöglichkeit darstellte. Die noch sehr übersichtliche Anzahl an Messstationen für Temperaturaufzeichnungen befand sich auf den erschlossenen Festlandsflächen der nördlichen - und kolonialisierten südlichen Hemisphäre. Somit konnten nur lokale Temperaturaufzeichnungen in topographisch stark diversifizierten Gebieten zu Land und mittels Stratosphärenballons vorgenommen werden, wobei ein Großteil der Erdfläche (Ozeane, Regenwälder, unerschlossene Länder) noch gar nicht erfassbar war. Erst im 20. Jahrhundert wurde das Instrumentarium zur Wetterbeobachtung zuerst durch Schiffe und Flugzeuge und ab etwa 1950 durch das Wetterradar erweitert (MOORE 2016: 301ff.).

Aufgrund der Fehlerhaftigkeit des statistischen Datenmaterials auf den Ebenen der Datenerfassung, Datenverarbeitung - und zusammenstellung, sowie der Dateninterpretation hängt der modernen Klimawissenschaft im Bereich der Ursachenforschung ein großer Schleier der Zweifelhaftigkeit und Unseriösität an, gerade weil aus höchst zweifelhaften und defizitären Daten, eindeutige Interpretationen und Kausalnarrative hervorgehen, welche fälschlicherweise die anthropogenen Kohlendioxidemissionen als Hauptursache etwaiger Klimavolatilitäten fokussieren (SCHELLNHUBER / RAHMSTORF 2007:133). Die Klimawissenschaft droht in einem Wald aus Datenmaterialien und artifiziellen Mittelwerten zu versinken, aus welchem heraus sie keinesfalls in der Lage sein kann, plausible Erklärungen, Schlussfolgerungen, geschweige denn Prognosen für reelle Naturphänomene und deren Entwicklungen anzustellen. Die atmosphärischen Prozesse sind differenziert, volatil, chaotisch und mit einer natürlichen Unschärfe behaftet. Ein Konglomerat klimatischer Messdaten und deren Extrapolation intensiviert diese Unschärfe jedoch nur zusätzlich, statt sie wie nach der hauseigenen fachlichen Zielstellung aufzulösen.

Ein treffendes Aufklärungbild über die Ungenauigkeit und Nebulösität statistischer Prognostik und datenfundierter Prophetie im Allgemeinen findet sich bei dem Statistiker, Probalistiker und Philosophen Nassim Nicholas Taleb in seinem Hauptwerk „*Der Schwarze Schwan - Die Macht höchst unwahrscheinlicher Ereignisse*". Der Annahme eines platonisierten Theorems, also eines konstruktivistischen,- abstrahierten Modells reeller Naturerscheinungen, entgegnet Taleb wie folgt (TALEB 2011 :340):

> Die Theoreme stehen mit anderen Theoremen der Modernen [sic] Portfoliotheorie im Einklang, die wiederum mit weiteren Theoremen im Einklang stehen, sodass sich eine grandiose Theorie davon entfaltet wie die Leute [...] die Zukunft projezieren. Er geht davon aus, dass wir die Wahrscheinlichkeit von Ereignissen kennen. Das scheußliche Wort Gleichgeweicht ist ständig präsent. Das ganze Gebäude gleicht jedoch einem Spiel, das völlig geschlossen ist, wie Monopoly mit all seinen Regeln. [...] Elegante Mathematik hat die Eigenschaft, perfekt richtig zu sein, nicht nur zu 99 Prozent. Diese Eigenschaft spricht mechanische Köpfe an, die sich nicht mit Unsicherheit befassen wollne. Leider muss man irgendwo betrügen, um die Welt dazu zu bringen, dass sie zu perfekter Mathematik passt; und man muss seine Annahmen irgendwo frisieren.

Eine befriedigende Antwort auf die Frage, wie hoch die tatsächliche Einflussnahme anthropogener Emissionen in Form von Treibhausgasen auf eine globale Erwärmung ist, hängt letztlich davon ab, wie man entscheidende Blindfaktoren des Aerosol – und Wasserdampfrückkopplungseffekt, sowie auch die Albedowirkung der globalen Bewölkung in die Klimamodelle mit einbezieht (LOMBORG 2002:314). Viel wahrscheinlicher ist somit, dass ein Konglomerat aus allen partiellen Ursachen für etwaige Klimatrends infrage kommt. Da das IPCC (1996:155ff.) den Klimafaktor der Sonne nur kurz erwähnt und sich zudem ausschließlich auf den geringen direkten Antrieb bezieht, fand der indirekte Motor des Solareinflusses durch Sonnenfleckenzyklus (Intensität des solaren Magnetfeldes) und kosmischer Strahlung (SVENSMARK/FRIIS - CHRISTENSEN 1997:126), bisher nur unzureichende Berücksichtigung. Kosmische Strahlungspartikel (Cosmic Rays) führen in den niedrigen Atmosphärenschichten durch Reaktion mit Aerosolpartikeln (kleine

Schwebeteilchen, Wassertröpfchen, Staubpartikel, Rauch, Metalstäube, usw.) als Kondensationskerne zur Bewölkungsentwicklung. Dieser atmosphärische Prozess wurde im Jahre 2005 erstmals unter den experimentellen Bedingungen einer Nebelkammer in der Schweizer Großforschungseinrichtung CERN nachgewiesen (SVENSMARK/CALDER 2008:107).

Die Aerosolteilchen, welche in die Stratosphäre emittiert führen somit zu einer maßgeblichen Beeinflussung der Strahlungsbilanz. Mit ihrem Anstieg geht eine deutliche Abnahme der Lufttemperatur einher, wie dies nach dem Ausbruch eines Vulkans und der damit verbundenen atmosphärischen Sulfatemission der Fall ist.

Dies hat zur Folge, dass die anthropogene Luftverschmutzung mit großflächigem Aerosoleintrag nicht zu einer Erwärmung, sondern zur Abkühlung führt (ZILLMER 2009:161). Die relevanten und bedeutsamen Partikularien für eine kurzfristige, - mittelfristige -, wie auch langfristige Temperaturänderung sind also weniger die allseits fokussierten Kohlendioxidmoleküle, sondern die vernachlässigten radiativen Aerosolpartikel. Diese werden in den klimatologischen Modellierungen nur zu einem verschwindend geringen Wert von einem Watt pro Quadratkilometer angesetzt (SCHELLNHUBER/RAHMSTORF 2006:45).

Dieser Ansatz bietet gegenüber der anthropogenen Treibhaustheorie den großen Vorteil, dass Temperaturveränderungen von 1860 bis 1950, welche von der Hypothese des Kohlendioxid - Tempertaturdynamik - Korrelats abweichen, zwanglos erklärt werden können.

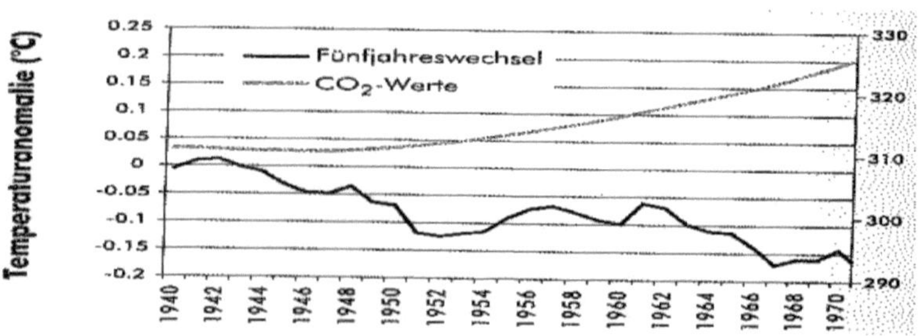

Abb. 11: Negativtrend der globalen Durchschnittstemperatur zwischen 1940 - 1970 im Bezug zum Kohlendioxidanstieg [<https://data.giss.nasa.gov/gistemp/station_data/> (Zugriff:20.02.17) in CRICHTON (2008:94)]

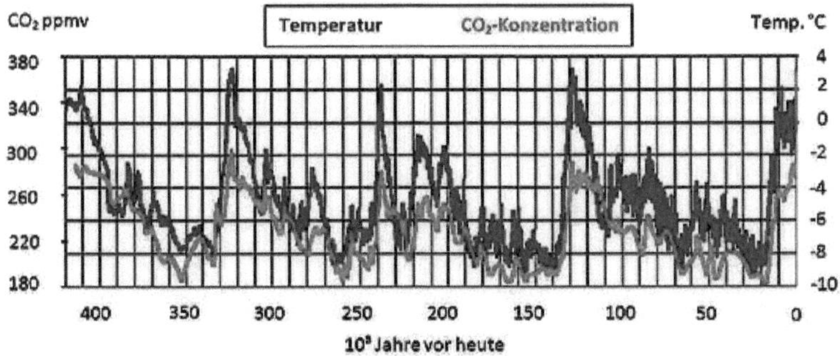

Abb.12: Vostock Eisbohrkern - Negativkorrelation zwischen Temperatur und Kohlendioxid-konzentration (PETIT ET AL. 1999:429ff.)

Hierbei soll jedoch keineswegs eine neue Theorie präferiert und hervorgehoben werden, sondern an eine wissenschaftliche Demut vor dem Ungewissen appeliert werden. Denn eine fehlende Theorie ist immer noch besser, als eine lückenhafte und falsche Theorie.

Selbst wenn Kosmoklimatologen wie Henrik Svensmark nicht in der Lage sind den technokratischen Fetischismus einer langfristigen Klimaprognose zu befriedigen, können sie jedoch ein erstaunlich besseres Verständnis über Ursache und Verlaufsmuster für regionale Klimaänderungen, wie beispielsweise die der Erwärmungsthese widersprüchliche Temperaturabnahme in der Antarktis, anbieten (SVENSMARK/CALDER 2008:237).

In einem Umfeld der höchst verworrenen, zutiefst komplexer und zumeist widersprüchlichen Faktengrundlage hinsichtlich der anthropogenen Klimadebatte, welche kontrastierend zu der politisch - medialen Inszenierung derselben wirkt, sieht sich der Weltklimarat selbst, welcher sich immerhin mit den besten Klimaspezialisten der Welt rühmt, zu folgender Erkenntnis gezwungen: „In der Klimaforschung und Modellierung sollte man anerkennen, das wir es hier mit einem gekoppelten nicht linearen -, chaotischen System zu tun haben und deshalb langfristige Vorhersagen über den zukünftigen Klimazustand nicht möglich sind.“(IPCC 2001:774).

Eine zentrale Sorge im Falle einer globalen Erderwärmung ist die Veränderung des Meeresspiegels infolge der Gletscherschmelze und des Abtauens der Polregionen. Vorab würden laut GANTEFÖR (2011:243) abtauende Gletscher den Meeresspiegel, aufgrund ihrer vergleichsweise geringen kryossphärischen Wasservolumina, nicht merklich ansteigen lassen. Die Vorstellung eines Abtauens der Antarktis sei zudem sehr unwahrscheinlich, da es trotz einer globalen Erwärmung, oder gerade wegen dieser -, und der damit verbundenen höheren Niederschlagsmenge, zu einer Zunahme der antarktischen Eismasse kommt, welche den Meeresspiegel sogar um 5,5 Zentimeter absenkt (IPCC 2007:764). Die gewaltige Eisdecke der Antarktis mit einer Dicke von durchschnittlich 1.6 Kilometern besteht seit etwa 35 Millionen Jahren und ist seither eine der unveränderlicheren Größen unter den weltweiten Umweltfaktoren (ZACHOS et al. 2001:688). Die Gletscher der Erde sind nunmehr seit mehreren Jahrhunderten auf dem Rückzug. Ihr Wachstum hat seit 1840 aufgrund veränderter Zirkulation der Passatwinde aus dem Pazifik abgenommen (LOMBORG 2008:74f.) Selbst eine besonders starke Reduzierung anthropogener Emissionsausstöße würde daran nur wenig ändern. Das Abtauen der Nordpolareismassen wird ebenfalls keinen merklichen Anstieg des Meeresspiegels verursachen, da der größte Anteil der Arktis - Eiskappe unterhalb der Wasseroberfläche des Nordpolarmeer situiert ist und nach physikalischem Grundverständnis die Aggregatzustandsänderung von Eis in Wasser keine Volumenzunahme des Gesamtsystems zur Folge haben kann (GANTEFÖR 2011:243). An dieser Stelle sei auf ein kleines Hausexperiment mithilfe eines Eiswürfels im Wasserglas hingewiesen. Dies bedeutet nach LOMBORG (2008:84) jedoch nicht, dass gar kein merklicher Anstieg des Meeresspiegels durch eine globale Erwärmung bis zum Ende des Millenniums erfolgen wird.

Im zweiten Sachstandsbericht des IPCC von 1995 (IPPC 1995), belaufen sich die damaligen Trendprognosen für einen säkularen Meeresspiegelanstieg im Zeitraum von 1990 bis 2100 nach WARRICK (1993:14) auf einen wahrscheinlichen Anstiegswert von 46 cm bei mittlerem Realszenario.

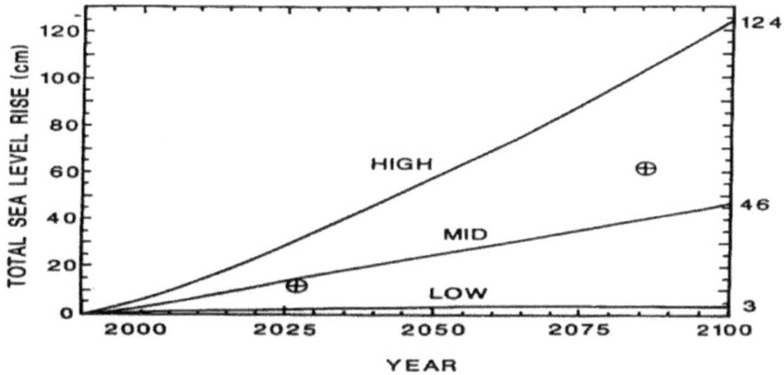

Abb. 13: Prognosen des Meeresspielanstieg bis 2100 (nach WARRICK 1993:14)

Der hier prognostizierte Meeresspiegelanstieg, sowie die zunehmende Sturmflut- und Hochwasserhäufigkeit weist im Hinblick auf küstenmorphologische Dynamik der Nord- und Ostseeküste folgende Bedeutsamkeit auf. Aus den Ausführungen von (BEHRE 1993:73) geht hervor, dass beide Küstengebiete maßgeblich verstärkten hydro- und morphodynamischen Effekten ausgesetzt sein werden. Diese Prognose wird wie folgt weiter gestützt: „Für Nord- und Ostseeküstenraum muss eine bedrohliche Steigerung der Überflutungsgefährdung im nächsten Jahrhundert als recht wahrscheinlich beachtet werden." (STERR 1996:141). Solche Effekte spiegeln sich in erhöhter

Sedimentmobilität und Verstärkung der Küstenerosion wieder, durch welche eine fortwährende Verschiebung der Küstenlinien landwärts stattfindet. Hier tritt bei sandigen Küsten eine schnellere Lockermaterialverlagerung auf als bei Riffküsten, welche mit Blöcken belagert sind (STERR 1996:141). SCHIRMER & SCHUCHHARDT (1993:245) schlussfolgern durch eine landwärtige Küstenverlagerung am Beispiel der Nordseeküste auf eine zunehmende Verstärkung des Ästuarbereiches an tiefliegenden Küstenarealen der Deutschen Bucht. Neben Küstenerosionsprozessen würde dies zur Ausweitung der Salzflächen und zunehmender

Grundwasserversalzung führen. Im Hinblick auf die Ostseeküste beschreibt HUPFER (2010:45-46) einen Gestaltenwandel von einer typischen Ausgleichsküste hin zu einer Inselflurküste. Eine solche Küstenverschiebung würde den anthropogenen Nutzungshaushalt im Bereich der Nord- und Ostseeküste maßgebend verändern.

Um eine Prognose der gefährdeten Küstenfläche abzugeben, werden „Maximalszenarios" betroffener Regionen erstellt. So ergibt sich bei dem Modell eines „Maximalszenarios" für den deutschen Küstenbereich nach BEHNEN (2000:152) eine meerseitige 10-mIsophyse an der Nordsee, sowie eine meerseitige 5-m-Isophyse an der Ostsee. Hierbei bedeutet „betroffen", wie BEHNEN (200:152) nachträglich richtigstellend betont, nicht automatisch „überflutet". Jedoch weist diese Formulierung auf eine eindeutige Steigerung der sozio-ökonomischen Vulnerabilität (STERR 1996:143) der untersuchten Regionen hin. Dies schlägt sich in einer betroffenen Fläche von 1,5 Mio. ha an der deutschen Nordseeküste sowie 50.000 ha für Nordvorpommern und Ostvorpommern an der deutschen Ostseeküste für die oben angenommenen jeweiligen Isophysen nieder (BEHNEN 2000:152). Hierbei ist der weitaus größere Teil des betroffenen Flächenabschnittes an der Nordseeküste situiert. Dies ist, wie BEHNEN (2000:152) weiterführt, durch die relativ langen Steilküstenabschnitte und das höhere Hinterland der Kreise und kreisfreien Städte an der Ostseeküste zu begründen. Konkrete Folgen sieht STERR (1996:143) in der Überflutung von Siedlungsflächen, in der Zerstörung von infrastrukturellen Rahmenbedingungen und in der Einschränkung jeglicher anthropogener Nutzungsformen der Küstengebiete. Hierzu zählen einerseits landwirtschaftliche Nutzflächen, andererseits die Hochseefischerei und Werften. Außerdem zeichnet sich durch die touristische Erschließung des Nord- und Ostseeraumes, aufgrund der Nutzbarkeit der Naturraumpotentiales der Küstengebiete, eine eher progressive Entwicklung ab. Diese ist durch die steigende Naturraumbelastung durchaus kontrovers zu betrachten. Der Fremdenverkehr trägt allerdings einen unbestritten hohen Anteil an regionalen Wirtschaftssektoren und umfasst somit in direkter und indirekter Weise Arbeitsplätze und ökonomische Verflechtungen an den Küsten (KLUG & KLUG 1994:157). Neben einer Einschränkung des naturräumlichen Potentials und des Erholungsnutzens für die betroffenen Küstenregionen folgen im Fall eines terrestrischen Flächenrückganges auch erhebliche Einbußen im Fremdenverkehr und die daraus resultierende ökonomische Destabilität an Nord- und Ostseeküste (STERR 1996:143). In der Erarbeitung von

BEHNEN (2000:147) findet sich neben der Dekonstruktion wirtschaftlicher Nutzflächen, Produktionsstandorte und Arbeitsplätze auch ganz vereinfacht eine Gefährdung für die küstennahen Einwohner und deren privater Grundstücke.

Interessant erscheint an dieser Stelle die Erforschung der prähistorischen Marschbesiedlung der Nordseeküste. Hierbei stellt BEHRE (1993:69f.) anschaulich dar, dass sich Be- und Endsiedlungsphasen des Küstensaumes über 4000 Jahre bis Christi Geburt regelmäßig abwechselten. Aus dem Besiedlungsverhalten, welches durch archäologische Funde rekonstruiert werden kann, ist es möglich, Rückschlüsse auf den entsprechenden Pegel des Meeresspiegels zu den jeweiligen Zeitpunkten zu ziehen. Über Jahrtausende also bestand eine wechselseitige Dynamik zwischen transgressiven und regressiven Entwicklungen des Meeres und den darauf abgestimmten Anpassungsreaktionen der Menschen an ihren Lebensraum. Im ersten Jahrhundert nach Christus verließen die temporären Marschbewohner ihr Siedungsgebiet nicht erneut. Sie bauten Wurten und leiteten somit die erste Phase des Ankämpfens gegen die Sturmfluten und der Besiedlung einer potentiell-marinen Anökumene ein (BEHRE 1993:70). Den Recherchen von STERR (1996:144) zufolge fielen in den letzten 20 Jahren umgerechnet jährlich insgesamt über 2 Mrd. Euro an Prävention, Sicherungsmaßnahmen sowie zentralem Küstenmanagement allein für den Erhalt der Nordseeküste an. Diese finanziellen Aufwände reihen sich allerdings nur in ein hundertjähriges historisches Vermächtnis des unmittelbar-anthropogenen Eingriffes in Form des „Küstenschutzes" an der Nord- und Ostseeküste ein.

5.2 Die Küstenschutzmaßnahmen

Im Bronzezeitalter (circa 1000 v.Chr.) begann erstmals die Besiedlung der risikobehafteten Küsten. Der bisweilen erste Schutz vor Fluten bestand in der Aufhöhung der Siedlungen in Form von Wurten, die entlang der gesamten Nordsee zwischen Niederlande und Dänemark nachgewiesen wurden (EHLERS 2008:98). Mit dem Deichbau vor circa 1000 Jahren endete schließlich die natürliche Küstenentwicklung, wobei langfristig die Küstenmorphologie anthropogen verändert wurde (KELLETAT 1999:194). Die Notwendigkeit dieser Küstenschutzmaßnahme in Hinblick auf die Zerstörungen durch Hochwasserereignisse kommt zum Ausdruck mit dem folgenden Zitat von PLANITZ (1949:27): „Wer nicht deichen will, muss weichen." Mit dem Wirken des Menschen wurden die Watten- und Marschgebiete seewärts zurückgedrängt, um die Küstenlinie zu erhalten und Hochwässern im Hinterland vorzubeugen (HAVERSATH 1997:17). Ab dem 20. Jahrhundert hatte die Deichbaunation Niederlande Landgewinne über 2500 km² zu verzeichnen (EHLERS 2008:104).

Verbunden mit dem systematischen Deichbau musste jedoch das neugewonnene Land, auch als Polder bezeichnet, künstlich entwässert werden, was zu einem deutlichen Absacken der Oberfläche führte (BEHRE 2002:334). Die Entwässerung verläuft heutzutage über mit Schleusen versehene Steinbauwerke, die Siele (BEHRE 2002:338). Mit fortschreitender Bedeichung entwickelte sich eine Poldertreppe, bei welcher die jüngeren Polder, anlässlich des Meeresspiegelanstiegs, höher angedeicht wurden als die älteren abgesackten Polder (KELLETAT 1999:194). Trotz der weitreichenden Bedeichung wurde die Nordseeküste von den großen Sturmfluten des Mittelalters erfasst, die wiederum durch die Absperrung von Nebenflüssen und die zunehmende Bedeichung hervorgerufen wurden. Daraus resultierte eine Einengung der Überflutungsflächen und der damit verbundene Anstieg des Sturmpegels (BEHRE 2002:334f.). Deshalb wurden verstärkt neuartige Küstenschutzmaßnahmen erforderlich, um die Küste vor weiteren Menschen- und Landverlusten zu verteidigen. Vor allem die wachsenden touristischen Einrichtungen und Siedlungsräume, die sich direkt in Strandnähe befinden, mussten vor den Sturmfluten mit immer höherem technischem sowie finanziellem Aufwand geschützt werden. Mit Betonmauern, Steinpflastern, Tetrapoden, Buhnen, Deckwerke, diversen Steinschüttungen und Sandvorspülungen kamen neben dem anfänglichen Deichbau immer mehr innovative Verfahren zum Einsatz (KELLETAT 1999:196). Bei der letztgenannten Maßnahme wird Sand kilometerweit seewärts abgebaut und mit dem Schiff vor die Küste transportiert und danach mit Rohren zum Strand gepumpt. Letztlich müssen die Sandmassen mit Maschinen verfestigt werden. Zur Erhaltung des Strandes muss dieses teure Verfahren nach wenigen Jahren wiederholt werden (EHLERS 2008:108). Nach der Flutkatastrophe 1953 in den Niederlanden wurde schnell klar, dass zum Trotz gegen die Natur weitere Maßnahmen erforderlich waren. Der technische Fortschritt gipfelt nach der Verstärkung und Erhöhung sowie der Verkürzung vorhandener Deiche in dem Bau hochmoderner Sperrwerke (GÄTJEN 1977/78:180). Diese Bauwerke werden nur bei hohen Springtiden und bei Sturmflutgefahr geschlossen. Wichtig ist hierbei eine möglichst frühzeitig Schließung der Schleusen, um ein ausreichendes Speichervolumen für das anfallende Oberwasser zu garantieren. Die Sperrwerke unterscheiden sich von den Sielen dahingehend, dass sich Siele selbsttätig bei Flut schließen und bei Ebbe öffnen (GÄTJEN 1977/78:182). Grundsätzlich treten aufgrund seltener und schwächerer Hochwasserereignisse in der Ostsee vergleichsweise weniger Küstenschutzmaßnahmen in Kraft als in der Nordsee.

Alle genannten Mittel zur präventiven Küstensicherung übernehmen verschiedene Aufgaben. Die meisten Maßnahmen dienen zur Senkung der Wellenenergie bzw. der Brandung und folglich zum Erosionsschutz. Andere dienen wiederum der Abschirmung des Hinterlandes vor Hochwässern. Einige weitere haben die Neulandgewinnung zum Ziel (BEHNEN 2000:156). Die Auswahl der Küstenschutzmaßnahmen ist abhängig von der Küstengeomorphologie und den regional vorherrschenden Bedingungen und muss individuell im entsprechenden Gebiet umgesetzt werden. Dabei spielen für die nachhaltige Nutzung der Nord- und Ostseeküste neben ökonomischen Gesichtspunkten auch soziale und vor allem ökologische Aspekte eine zentrale Rolle (BEHNEN 1996:22). In diesem Zusammenhang stellt sich die Frage, ob die starre Verteidigung der Küstenlinien bzw. der Einsatz diverser Küstenschutzmaßnahmen als Eingriff in die natürliche Morphologie überhaupt sinnvoll oder ob es gegebenenfalls günstiger ist, die Inseln und die Strände der See zu überlassen. Am Beispiel der Ostverlagerung der Barriereinseln wird diese Problematik sichtbar. Diese Inseln gehen nicht unter, sondern bewegen sich lediglich im „Schneckentempo" fort. Daher wäre theoretisch genügend Zeit vorhanden, die Siedlungen im Verlauf der Inselverlagerung zu versetzen. (EHLERS 2008:110).

Die im Laufe der Arbeit dargestellten Ergebnisse über die geomorphologische Beschaffenheit der Küstenbereiche und deren ausgesetzte Gefahren stellen die Bevölkerung der Küstenregion somit vor immer größer werdende Hürden, jedoch keinesfalls Unmöglichkeiten, von technischen Adaptationsmaßnahmen des zukünftigen Küstenschutzes.

6 Fazit

Das Ziel dieser Arbeit bestand darin, zu untersuchen, auf welche Weise anthropogene Einflüsse die Küstengeomorphologie der Nord- und Ostsee gestalten. Diese Untersuchung findet unter dem Gesichtspunkt der hypothetischen Annahme einer globalen Erderwärmung, und des damit einhergehenden Risikos eines möglichen Meeresspiegelanstieges, statt. Da keine übereinstimmenden Prognosen hinsichtlich des Pegelanstieges bestehen, orientieren sich die Ausführungen an den Prognosen des „Intergovernmental Panel on Climate Change". Der holozäne Meeresspiegelanstieg bildet einen zentralen Risikofaktor für die südwestliche Nord- und Ostseeküste. Denn obwohl sich anhand der vorliegenden Ausführungen nur wenige Gemeinsamkeiten hinsichtlich des Geneseprozesses, sowie geomorphologischer Besonderheiten beider Küstengebiete feststellen lassen, ist der jeweilig südliche Küstenabschnitt durch einen transgressiven Küstenrückgang geprägt. Ein fortschreitender Meeresspiegelanstieg würde tiefgreifende Einschnitte in den Kulturraum Küste nach sich ziehen. Die Frage der Vulnerabilität des Küstenraumes mündet nicht zuletzt in den humangeographischen Ansatz der Hazardforschung, in dem geklärt wird, ab welchen Punkten potentielle Naturgefahren in Ökumenen beeinträchtigende Naturrisiken umschlagen. Eine zukünftige Entwicklungsprognose des Küstenmanagements abzuzeichnen, erweist sich als eher schwierig. Jedoch konnten wir ebenfalls aufzeigen, dass sowohl die Ursachenbegründung eines anthropogenen Klimawandels, sowie der Kausalschluss des damit einhergehenden Folgerisikos eines steigenden Meeresspiegels keinesfalls naturwissenschaftlich abgesichert sind. Daher sollten diese Aussagen und Annahmen ihrem Charakter nach ausschließlich als wissenschaftliche Hypothesen und Projektionen behandelt und folglich kritisch betrachtet, sowie stets kontrovers diskutiert werden. Der Klimawandel fordert jedoch bereits schon eine omnipräsente und zugleich zutiefst tendenziöse Rolle im ökologischen Diskurs ein und spiegelt diese in sämtlichen Planungsmaßnahmen zu Raumordnung, Stadtentwicklung, Küstenschutz, Landschaftspflege und Energieversorgung wider. Hinsichtlich der nicht verifizierten Hypothese des menschengemachten Klimawandels sollte die Argumentation politogener Wissenschaftler als klare Absage an den wissenschaftlichen Ethos betrachtet werden, welcher in seiner Grundessenz, durch abgesicherte Wissensbestände, die Basis für praktisches Handeln darstellt, und keine Handlungsimperative mit wissenschaftlichen Vorurteilen rechtfertigen darf.

Literaturverzeichnis

AHNERT, F. (1996): Einführung in die Geomorphologie. Stuttgart: Ulmer.

AHNERT, F. (2009[4]): Einführung in die Geomorphologie. Stuttgart: Ulmer.

BAUMHAUER, R. (2010[2]): Physische Geographie 1. Geomorphologie. Darmstadt: WBG.

BEHNEN, T. (2000): Der beschleunigte Meeresspiegelanstieg und seine sozio - ökonomischen Folgen. Eine Untersuchung der Ursachen, methodischen Ansätze und Konsequenzen unter besonderer Berücksichtigung Deutschlands. Münster - Hamburg: LIT - Verlag.

BEHRE, K.-E. (1993): Die nacheiszeitlichen Meeresspiegelbewegungen und ihre Auswirkungen auf die Küstenlandschaft und deren Besiedlung. In: SCHELLNHUBER, H.- J. & H. STERR (Hrsg.): Klimaänderung und Küste. Einblicke ins Treibhaus. Berlin: Springer - Verlag, 57-77.

BEHRE, K.-E. (2002): Die deutsche Nordseeküste. In: LIEDTKE, H. & J. MARCINEK (Hrsg.): Physische Geographie Deutschlands. Gotha - Stuttgart: Klett - Perthes, 323 - 343.

BOUWMEESTER, E.-C. (1993): Küstenschutz in den Niederlanden bei einer Beschleunigung des Meeresspiegelanstieges. In: SCHELLNHUBER, H.-J. & H.v. STERR (Hrsg.): Klimaänderung und Küste. Einblicke ins Treibhaus. Berlin: Springer - Verlag,174 - 189.

CRICHTON, M.(2008): Welt in Angst. München: Goldmann.

DASCHKEIT, A. & P. SCHOTTES (2002): Klimafolgen für Mensch und Küste. Am Beispiel der Nordseeinsel Sylt. Berlin: Springer - Verlag.

DEUTSCHES MEERESKUNDEMUSEUM SRAHLSUND (2009): Die Bodden. Natur und Landschaft im Überblick. Am Ostseestrand. Stralsund: Ostsee Druck Rostock.

DIKAU, R. & J. POHL (2007): „Hazards". Naturgefahren und Naturrisiken. In: GEBHARDT, H. et al. (Hrsg.): Geographie. Physische Geographie. Physische Geographie und Humangeographie. München: Spektrum Akademischer - Verlag, 1028 - 1076.

DONGUS, H. (1980): Die geomorphologischen Grundstrukturen der Erde. Stuttgart: B.G. Teubner.

DUPHORN, K. & H. KLIEWE (1995): Geologische Entwicklung im Pleistozän. In: DUPHORN, K. et al. (Hrsg.): Die deutsche Ostseeküste. Sammlung Geologischer Führer 88. Berlin - Stuttgart: Borntraeger, 20 - 31.

EHLERS, J. (2008): Die Nordsee. Vom Wattenmeer zum Nordatlantik. Darmstadt: WBG.

ELSNER, H. (2001): Küste: Inseln, Marschen und Wattenmeer. Bremen: Edition Temmen.

GANTEFÖR, G. (2011): Klima. Der Weltuntergang findet nicht statt. Weinheim: Wiley - VCH.

GÄTJEN, B. (1977/78): Die Sturmflutsperrwerke an der deutschen Nordseeküste. Aufgaben, Planung und Bau. In: BOLLE, A. & R. SCHWAB (Hrsg.): Jahrbuch der Hafenbautechnischen Gesellschaft (Band 36). Heidelberg - Berlin - New York: Springer- Verlag, 179 - 225.

GOUDI, A. (2007[4]): Physische Geographie. Eine Einführung. München: Spektrum - Akademischer Verlag.

GRAẞL, H. (1993): Globaler Wandel. In: SCHELLNHUBER, H.-J. & H.v. STERR (Hrsg.): Klimaänderung und Küste. Einblicke ins Treibhaus. Berlin: Springer - Verlag, 28-37.

HAVERSATH, J.-B. (1997): Deutschland - Der Norden. Das Geographische Seminar. Braunschweig: Westermann.

HUPFER, P. (2010[5]): Die Ostsee - kleines Meer mit großen Problemen. Stuttgart: Borntraeger.

IPCC (Intergovernmental Panel on Climate Change) (Hrsg.) (1995): Climate Change 1995. The Science of Climate Change. Contribution of WGI to the Second Assessment Report of the Intergovernmental Panel on Climate Change. Cambridge: Cambridge Univiversity Press.

IPCC (INTERNGOVERNMENTAL PANEL ON CLIMATE CHANGE) (Hrsg.) (1996): Climate Change 1995 - The Science of Climate Change. Report of IPCC Working Group I. Cambridge: Cambridge University Press.

IPCC (INTERNGOVERNMENTAL PANEL ON CLIMATE CHANGE) (Hrsg.) (2001a): Climate Change 2001: The Scientific Basis. Contribution of Working Group I to the Third Assessment Report of the Intergovernmental Panel on Climate Change [Houghton, J.-T., Ding, T., Griggs, D.-J., Noguer, M., van der Linden, P.-J., Dai, X., Maskell, K. & C.-A. Johnson (eds.)]. Cambridge: Cambridge University Press.

IPCC (INTERNGOVERNMENTAL PANEL ON CLIMATE CHANGE) (Hrsg.) (2007): Climate Change 2007: The Physical Science Basis. Contribution of Working Group I to the Fourth Assessment Report of the Intergovernmental Panel on Climate Change [Solomon, S., Qin, D., Manning, M., Chen, Z., Marquis, M., Averyt, K.-B., Tignor, M. & H.-L. Miller (eds.)]. Cambridge: Cambridge University Press.

IPCC (INTERNGOVERNMENTAL PANEL ON CLIMATE CHANGE) (Hrsg.) (2014) : Klimaänderung 2014: Synthesebericht. Beitrag der Arbeitsgruppen I, II und III zum Fünften Sachstands-bericht des Zwischenstaatlichen Ausschusses für Klimaänderungen (IPCC) [PACHAURI, R.-K. & L.-A. MEYER (Hrsg.)]. IPCC, Bonn: Deutsche IPCC-Koordinierungsstelle.

KATZUNG, G. (2004): Geologie Mecklenburg - Vorpommern. Stuttgart: Schweizerbart´sche Verlags - Buchhandlung.

KELLETAT, D. (1999[2]): Physische Geographie der Meere und Küsten. Stuttgart & Leipzig: Teubner.

KLIEWE, H. (1995): Geologische Entwicklung im Holozän. In: DUPHORN, K. ET AL. (Hrsg.): Die deutsche Ostseeküste. Sammlung Geologischer Führer 88. Berlin - Stuttgart: Borntraeger, 32 - 50.

KLIEWE, H. & K. SCHWARZER (2002): Die deutsche Ostseeküste. In: LIEDTKE, H. & J. MARCINEK (Hrsg.): Physische Geographie Deutschlands. Gotha: Justus Perthes.

KLIEWE, H. (2004): Holozän im Küstenraum. In: KATZUNG, G. (Hrsg.): Geologie Mecklenburg - Vorpommern. Stuttgart: Schweizerbart´sche Verlags - Buchhandlung, 251 - 265.

KLUG, H. & A.-C. KLUG (1994): Der Fremdenverkehr als Belastungsfaktor an der schleswig - holsteinischen Nordseeküste - Raumbeispiele aus Sylt und Eiderstedt. In: LAMPE, R. (Hrsg.): Geographie der Meere und Küsten. Beiträge zur 11. Tagung des Arbeitskreises. Greifwald: Ernst - Moritz - Arndt - Universität, 157 - 172.

KUNZ, H. (1993): Klimaänderung und Folgen für Wasserhaushalt, Gewässernutzung und Gewässerschutz. In: SCHELLNHUBER, H.-J. & H.v. STERR (Hrsg.): Klimaänderung und Küste. Einblicke ins Treibhaus. Berlin: Springer - Verlag, 97 - 137.

KÜSTER, H. (2002). Die Ostsee. Eine Natur - und Kulturgeschichte. München: Verlag C.H. Beck.

LEMKE, W. (1995): Die kurze und wechselvolle Entwicklungsgeschichte der Ostsee. In: Ringvorlesung: Die Ostsee - unser Lebensraum. Rostock: Institut für Ostseeforschung Warnemünde an der Universität Rostock.

LESER, H. (2011): Diercke Wörterbuch Geographie. Raum - Wirtschaft und Gesellschaft - Umwelt. Braunschweig: Westermann.

LIEDTKE, H. & J. MARCINEK (2002): Physische Geographie Deutchlands. Gotha: Justus Perthes.

LÜDECKE, H.-J. (2016): 9 Fragen zum „Klimaschutz". Jena: TvR.

MEYER (Hrsg.)]. IPCC, Bonn: Deutsche IPCC-Koordinierungsstelle.

MOORE, P. (2016): Das Wetter-Experiment: Von Himmelsbeobachtern und den Pionieren der Meteorologie. Hamburg: Mareverlag.

NIEDERMEYER, R.-O., WERNER, F. & W. JANKE (1995): Die heutige Ostsee und ihre südwestliche Küste. In: DUPHORN et al. (Hrsg.): Die deutsche Ostseeküste. Sammlung Geologischer Führer 88. Berlin - Stuttgart: Borntraeger, 51 - 88.

NIEDERMEYER, R.-O., LAMPE, R., KLIEWE, H. & F. SCHWARZER (2011²): Die Küste der südwestlichen Ostsee. In: NIEDERMEYER, R.-O. et al. (Hrsg.): Die deutsche Ostseeküste. Band 105. Stuttgart: Borntraeger, 92 - 124.

PLANITZ, H. (1949) : Grundzüge des Deutschen Rechts- und Privatrechts. Enzyklopädie der Rechts - und Staatswissenschaft. Berlin: Springer - Verlag.

REINECK, H.- E. (1984): Aktuogeologie klastischer Sedimente. Frankfurt am Main: Dr. Waldemar Kramer.

REINICKE, R. (2011): Kliff & Strand. Unsere Ostseeküste. Ribnitz - Damgarten: Demmler.

SCHELLNHUBER, H.-J. & S. RAHMSTORF (⁴2007): Der Klimawandel. München: C.H. Beck.

SCHELLNHUBER, H.-J. & S. RAHMSTORF (³2006): Der Klimawandel. München: C.H. Beck.

STERR, H. (1993): Der Einfluss von Klimavarianz auf die rezente Morphodynamik der deutschen Ostseeküste. In: SCHELLNHUBER, H.-J. & H. STERR (Hrsg.): Klimaänderung und Küste. Einblicke ins Treibhaus. Berlin: Springer - Verlag, 153-174.

STERR, H. (1996): Zur Frage eines – anthropogen bedingten – Meeresspiegelanstieges und dessen möglicher Konsequenzen. In: BEHNEN, T. (Hrsg.): Beiträge zur Geographie der Meere und Küsten. Münster: LIT - Verlag, 130 - 146.

SVENSMARK, H. & E.-F. CHRISTENSEN (1997): Variation of cosmic ray flux and global cloud coverage - a missing link in solar - climate relationships. In: Journal of Atmospheric and Solar - Terrestrial Physics 1997, Nr. 59, 1225 - 1232.

SVENSMARK, H. & N. CALDER (2008): Sterne steuern unser Klima. Eine neue Theorie zur Erderwärmung. Düsseldorf: Patmos.

TALEB, N.-N. (2011³): Der Schwarze Schwan. Die Macht höchst unwahrscheinlicher Ereignisse. München: dtv.

THÜNE, W. (1998): Der Treibhaus - Schwindel. Saarbrücken: Wirtschaftsverlag Discovery Press.

WARRICK, R.- A. (1993): Climate and sea level change: observations, projections and implications. Cambridge:

Cambridge University Press.

ZACHOS,J., PAGANI, M., SLOAN, L., THOMAS, E., BILLUPS, K. (2001): Trends, Rhythms, and Aberrations in Global Climate 65 Ms to President. In: Science, 2001, Nr. 292, 686 - 693.

ZACHIAL, M. (1993): Auswirkungen eines steigenden Meeresspiegels auf Häfen, Schifffahrt und Verkehr. In: SCHELLNHUBER, H.-J. & H. STERR (Hrsg.): Klimaänderung und Küste. Einblicke ins Treibhaus. Berlin: Springer - Verlag, 333- 343.

ZEPP, H. (2014[6]): Geomorphologie. Paderborn: Schöningh.

ZILLMER, H.-J. (2009): Der Energie - Irrtum. Warum Erdöl und Erdgas unerschöpflich sind. München: Herbig.

BEI GRIN MACHT SICH IHR WISSEN BEZAHLT

- Wir veröffentlichen Ihre Hausarbeit, Bachelor- und Masterarbeit
- Ihr eigenes eBook und Buch - weltweit in allen wichtigen Shops
- Verdienen Sie an jedem Verkauf

Jetzt bei www.GRIN.com hochladen und kostenlos publizieren

GRIN